Bibliografische Information der Deutschen Nationalbibliothek:

Die Deutsche Bibliothek verzeichnet diese Publikation in der Deutschen National-bibliografie; detaillierte bibliografische Daten sind im Internet über http://dnb.d-nb.de/ abrufbar.

Impressum:

Copyright © 2009 GRIN Verlag, Open Publishing GmbH
Druck und Bindung: Books on Demand GmbH, Norderstedt Germany
ISBN: 9783640508907

Dieses Buch bei GRIN:

http://www.grin.com/de/e-book/141427/die-immobilienkrise-und-die-auswirkungen-auf-suburbia

Maria Hertleif

Die Immobilienkrise und die Auswirkungen auf Suburbia

GRIN Verlag

Inhaltsverzeichnis

Entstehung von Boom und Krise auf dem Immobilienmarkt

Die Auswirkungen des Immobilienbooms und der Immobilienkrise auf Suburbia

Abbilungsverzeichnis

1. Einleitung

Seit der Weltwirtschaftskrise in den 30er Jahren des vergangenen Jahrhunderts wurde die Weltwirtschaft nie wieder so schwer getroffen wie durch die 2007 in den USA ausgebrochene Finanzkrise. Den Anstoß hierfür gab die Immobilienkrise, die 2006 einen jahrelangen Boom auf dem US-amerikanischen Häusermarkt beendete. Unabhängig von den späteren Zusammenbrüchen auf den weltweiten Kapitalmärkten, traf diese Krise zu allererst Hauseigentümer in den USA. Viele Neueigentümer, die sich während des Booms den Traum vom Eigenheim in Suburbia verwirklicht hatten, wurden angesichts der Krise mit sinkenden Immobilienpreisen und steigenden Ratenzahlungen konfrontiert. Letztendlich mündete dies in einem starken Anstieg von Säumnissen und Zwangsversteigerungen. Um zu verstehen wie es hierzu kommen konnte, ist es wichtig die Ursprünge von Boom und Krise auf dem US-amerikanischen Immobilienmarkt zu kennen. Begründet liegen diese im Zusammenspiel verschiedener Entwicklungen und Faktoren, die parallel auf den Markt einwirkten.

Im ersten Teil dieser Arbeit sollen diese Faktoren und Prozesse erläutert werden. Hierzu zählt zum Einen die Leitzinspolitik der US-amerikanischen Notenbank, welche seit 2000 mit einer erheblichen Senkung und ab 2004 mit der Wiederanhebung der Zinsen die Entwicklung auf dem Immobilienmarkt entscheiden beeinflusste. Zum Anderen war für Immobilienboom und -krise das rasante Wachstum des sog. ‚Subprime-Marktes', als unsicherstem Hypothekensegment von Bedeutung. Darüberhinaus verstärkten sich die Verflechtungen von Immobilien- und Finanzmarkt, wovon beide Seiten während des Booms profitierten, welche aber auch gegenseitige Abhängigkeiten schufen. Letztere trugen entscheidend zur Entstehung der Krise bei.

Allem vorangestellt ist die Definition des Begriffs Suburbia, dem im zweiten Teil der Arbeit eine entscheidende Bedeutung zukommt. Hier soll, aufbauend auf dem ersten Teil, skizziert werden, wie sich zunächst der Immobilienboom und im Anschluss die Immobilienkrise auf Entwicklung und Struktur der Vorortsiedlungen der USA auswirkten. Verschiedene gesellschaftliche Gruppen profitierten in unterschiedlichem Ausmaß vom Boom, dies soll die Arbeit ebenso begründen wie die unterschiedliche Zunahme von Hauseigentümern und Bevölkerungszahl in den Suburbs der verschiedenen Landesteile.

Auch beim Blick auf die Auswirkungen der Immobilienkrise sind sowohl gesellschaftliche, als auch räumliche Disparitäten zu beobachten. Auf der gesellschaftlichen Ebene dienen hierzu als Indikatoren die Hauspreisentwicklungen in verschiedenen Immobilienpreissegmenten und der Anteil von Zwangsversteigerungen in verschiedenen gesellschaftlichen Gruppen. Auf der räumlichen Ebene belegen die geographischen Konzentrationen von Zwangsversteigerungen in verschiedenen Gebieten der USA diese Unterschiede. Hierbei soll auch geklärt werden, welchen Einfluss solche Konzentrationen auf Nachbarschaften und Wohngebiete haben.

1.1 Der Begriff Suburbia

Mit dem Begriff ‚Suburbia' bezeichnet man in den USA randstädtische Wohngebiete, die dem zentralen Stadtkern vorgelagert sind. Gegenüber dem innerstädtischen Bereich herrschen hier, niedrige Bebauungshöhe und Eigenheimbesitz vor (vgl. Abb. 1 und 2). Zudem lebt hier ein besonders hoher Anteil von Familien mit Kindern. Synonym für den Begriff Suburbia lassen sich die Begriffe ‚Suburb' oder ‚suburbane Raum' verwenden (HAHN ET AL. 2002, S.279).

Abbildung 1: Rechts: Suburb-Siedlung in den USA. Quelle: CALFINDER 2008
Abbildung 2: Links: Suburb-Siedlung in den USA. Quelle: SPACE AN CULTURE 2008

Die ersten Suburbs in den USA entstanden im ausgehenden 19. Jahrhundert als Wohngebiete der reichen Oberschicht. Erst nach dem 2. Weltkrieg zogen, unterstützt durch Förderungsprogramme der US-amerikanischen Regierung, Entwicklungen der Privatindustrie und die wachsende Privatmotorisierung, immer mehr Haushalte aus mittleren Einkommensschichten nach Suburbia. 1960 lebte hier bereits ein Drittel der amerikanischen Bevölkerung (vgl. HAHN ET AL. 2002, S.33-38, S.158, S.279; KNOX ET AL. 2001, S.535/536).

Vor allem im Einzugsgebiet von Metropolregionen haben sich Suburbs zu großflächigen Vororten entwickelt, in denen sich traditionelles Wohnen und sekundäre Geschäftsviertel vermischen. Hier lebt heute ein Großteil der amerikanischen Bevölkerung. Jedoch lassen sich für verschiedene Bevölkerungsgruppen starke Unterschiede erkennen. So lebt in den Kernstädten noch immer ein prozentual höherer Anteil von Geringverdienern und Mitgliedern ethnischer Minderheiten (vgl. HAHN ET AL. 2002, S.158, 279; HEINEBERG 2004, S.278, 312).

Entstehung von Boom und Krise auf dem Immobilienmarkt

2. Niedrigzinspolitik der US-amerikanischen Notenbank zwischen 2000 und 2004

Einer der genannten Faktoren die zu Boom und Krise auf dem US-amerikanischen Immobilienmarkt beitrugen, war die Niedrigzinspolitik der US-amerikanischen Notenbank (Federal Reserve = Fed), die es US-Bürgern ermöglichte Kredite mit einer geringen Zinsbelastung aufzunehmen. Um diesen Zusammenhang zu verdeutlichen soll zunächst der Leitzins als Finanzinstrument beschrieben werden. Im Anschluss wird die Leitzinspolitik der Fed zwischen 2000 und 2004 und deren Einfluss auf den Immobilienmarkt der USA erläutert.

2.1 Was ist der Leitzins und wie wirkt Leitzinspolitik?

„Der Leitzins legt fest, zu welchen Bedingungen sich Kreditinstitute bei Noten- und Zentralbanken Geld beschaffen können" (TAGESSCHAU 2008, o.S.). Mit dem Instrument der Senkung und Anhebung des Leitzinses kann eine Notenbank auf den Geldmarkt und die allgemeine Zinsentwicklung einwirken und so auf wirtschaftliche Entwicklungen Einfluss nehmen. Eine Leitzinsanhebung bedeutet, dass es für Kreditinstitute teurer wird, Geld bei der Zentralbank zu bekommen. Die erhöhten Zinssätze geben die Banken im Regelfall an ihre Kunden weiter. So wird es für diese teurer Kredite, zur Tätigung von Investitionen aufzunehmen. Demgegenüber steigt gleichzeitig die Attraktivität des Sparens. Im Rückschluss bedeutet eine Absenkungen des Leitzinses, dass es für Kreditinstitute billiger wird sich bei einer Notenbank mit Geld zu versorgen. Damit sinken die Kosten für Kredite. Es wird billiger zu investieren und weniger attraktiv zu Sparen (vgl. TAGESSCHAU 2008, o.S.).

2.2 Niedrigzinspolitik der US-Notenbank

In den Jahren 2000 und 2001 wurde die US-amerikanische Wirtschaft im Besonderen durch zwei Ereignisse geschwächt. Im Jahr 2000 platzte, am Ende eines großen Hypes um Aktien der jungen Internet-Branche, die ‚Dot.com-Blase' und dies führte zu einem wirtschaftlichen Abschwung in den USA. In der Folge befürchtete die Fed eine Deflation. Um die Wirtschaft zu stabilisieren begann sie Anfang 2001 mit der Senkung des Leitzinses (vgl. BLOSS 2008, S.15; FLEISCHHAUER ET AL., S.23; TAGESSCHAU 2008, o.S.).

Ein Jahr später, am 11. September 2001, verstärkten die Anschläge auf das World Trade Center in New York die Befürchtung einer Deflation weiter. Die Fed entschied, die Niedrigzinspolitik weiter fortzusetzen und auszubauen. Sie senkte den US-Leitzins in nur zweieinhalb Jahren um 5,5 Prozentpunkte, von 6,5% Anfang 2001 auf 1% Mitte 2003 (vgl. Abb.3) (vgl. Bloss et al 2008; S.25, Krüger, A. 2008).

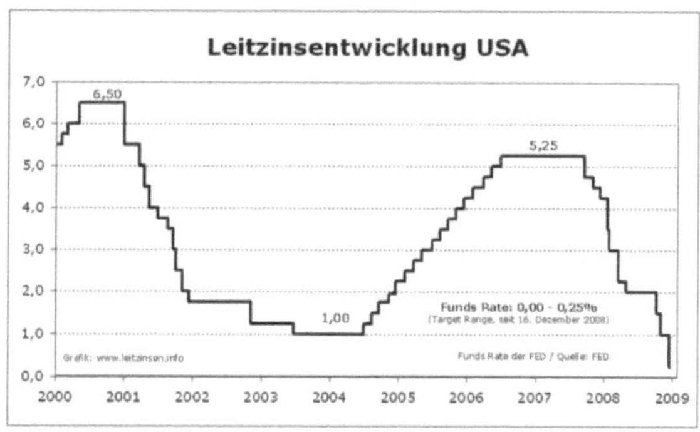

**Abbildung 3: Entwicklung des Leitzinses in den USA und Europa von 2000 bis 2007.
Quelle: leitzinsen.info**

2.3 Einfluss der Niedrigzinspolitik auf den Immobilienmarkt

Durch die Senkung des Leitzinses gelang es der Fed die US-amerikanische Wirtschaft anzukurbeln. Mit dem Leitzins sanken auch die langfristigen Zinsen, also die Zinsen für langfristige Investitionen wie den Kauf einer Immobilie. So wurden Immobilienkredite billiger und der Anreiz zu Sparen sank. Anstatt auf ein Haus zu sparen entschieden sich viele US-Bürger, einen Kredit aufzunehmen, um ein Haus zu erwerben oder zu errichten. Die Nachfrage nach Wohnimmobilien stieg dadurch stark an und überholte bald das Angebot auf dem Immobilienmarkt. Der Nachfrageüberhang führte zu einem immensen Anstieg der Immobilienpreise. So stieg der Wert eines 2000 gekauften Hauses bis 2006 im Schnitt um 74% (vgl. Abb.4). Gleichzeitig stieg der Anteil der Eigenheimbesitzer zwischen 2000 und 2004 von ca. 67,5% auf ca. 69% (vgl. Abb.5) (vgl. BALZLI ET AL. 2008, S. 54/55, STANDARDS&POOR'S 2008, o.S.; MALSCH 2008, o.S.; SHILLER 2008, S.32; SOMMER 2008, S.5).

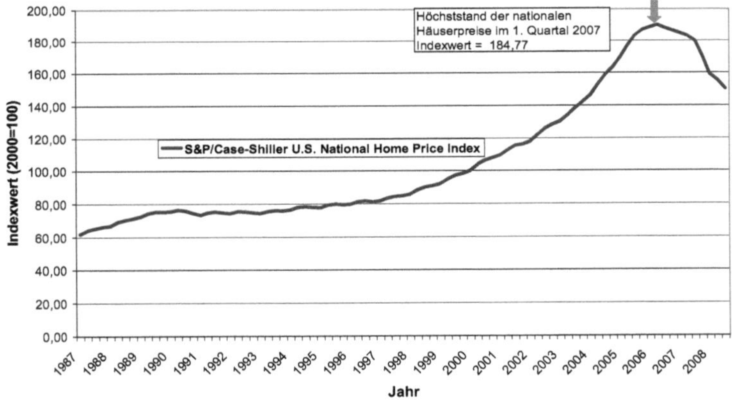

Abbildung 4: Entwicklung der nationalen Häuserpreise in den USA zwischen 1987 und 2008. Berechnung der Werte nach dem Case-Shiller Index.
Quelle: Eigene Darstellung 2008, nach STANDARD&POORS'S 2008, O.S.

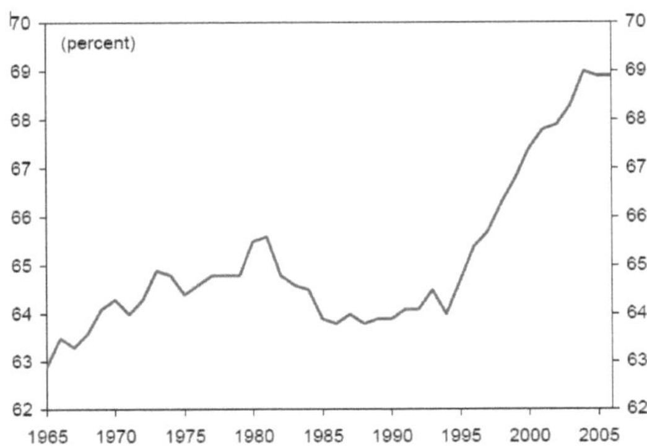

Abbildung 5: Entwicklung der Eigenheimbesitzerzahlen in den USA zwischen 1965 und 2005 in Prozent. Quelle: KIFF ET AL. 2007

Doch nicht nur Neukäufer profitierten von den günstigen Zinsen, sondern auch US-amerikanische Bürger, die bereits Eigenheimbesitzer waren.

Der Grund: In den USA haben Eigenheimbesitzer die Möglichkeit, ihre Hypothek jederzeit vorzeitig ohne Zahlung eines Strafzinses zu kündigen. Aus diesem Grund reagierten viele Schuldner von Hypothekenkrediten auf die günstigen Zinssätze, indem sie ihre Hypothek ablösten und durch einen billigeren Immobilienkredit refinanzierten. Dies wurde vor allem lukrativ, da mit der wachsenden Nachfrage nach Wohnimmobilien die Preise auf dem Immobilienmarkt stiegen. Der gestiegene Wert der Immobilien steigerte die Kreditwürdigkeit der Schuldner, die nun eine höhere Sicherheit vorweisen konnten. Dadurch erhielten sie bei einer Refinanzierung bessere Konditionen, so dass viele nicht nur refinanzierten, sondern einen noch höheren Kredit aufnahmen um weitere Konsumwünsche zu befriedigen (vgl. BALZLI 2008, S.55; FEHR 2008, o.S.; BLOSS ET AL. 2008, S.20,25).

3. Entwicklung des Subprime-Marktes

Die Ausweitung der Kreditvergabe auf dem Markt für Subprime-Hypotheken war, wie bereits genannt, von besonderer Bedeutung für Boom und Krise auf dem US-amerikanischen Immobilienmarkt. In diesem Abschnitt soll deshalb erläutert werden, wie genau sich der Subprime-Markt auf dem US-amerikanischen Immobilienmarkt einordnen lässt und welche Faktoren zur Ausweitung des Marktes führten.

3.1 Einordnung des Subprime-Marktes

Der Hypothekenmarkt der USA lässt sich grob in drei Kategorien einteilen. Die Einteilung der Kategorien erfolgt nach der Kreditwürdigkeit des Schuldners. Diese wird bemessen durch dessen Kredithistorie, das Verhältnis vom Schuldendienst zu Einkommen (debt service-to-income = DTI) und das Verhältnis vom Hypothekenkredit zum Wert der beliehenen Immobilie (mortgage-loan-to-value = LTV) (KIFF ET AL. 2007, S.3).

Die oberste Kategorie bilden Prime Hypotheken, welche von Kreditnehmern mit guter Bonität und einer soliden Zahlungshistorie in Anspruch genommen werden können. Schuldner mit geringer Bonität und lückenhafter Zahlungshistorie, die nicht dem Prime-Standard entsprechen, sind somit ,unter-Prime' also ,sub-Prime'. Die mittlere Kategorie der ,Alt-A Hypotheken' ist insgesamt von geringerer Bedeutung als die beiden Erstgenannten. Sie bildet eine Grauzone zwischen Prime und Subprime Hypotheken. Hierzu gehören vor allem Immobilienkredite von Schuldnern, die zwar gute Werte im Hinblick auf das Verhältnis vom Schuldendienst zum Einkommen und dem Hypothekenkredit zum Wert der beliehenen Immobilie erreichen, jedoch keine lückenlose Zahlungshistorie vorweisen können (COLLINS ET AL. 2004, S.2; KIFF ET AL. 2007, S. 3).

3.2 Ausweitung des Subprime-Marktes

Vom Boom auf dem US-amerikanischen Immobilienmarkt profitierten überdurchschnittlich Mitglieder niedriger Einkommensschichten, also Kreditnehmer von Subprime-Hypotheken. Diese hatten in der Vergangenheit mangels ausreichender Kreditwürdigkeit meist schlechte Chancen eine Hypothek aufzunehmen. Allein zwischen 1994 und 2006 stieg die Hauseigentümerrate im ersten bzw. untersten Einkommensquartil um 11,1% und im zweiten Quartil um 12,9%. Die Zuwächse überstiegen in diesem Zeitraum die der Gesamtbevölkerung, für die sich ein Zuwachs von 10,3% beobachten ließ (vgl. BOSTIC ET AL. 2008, S. 310).

Die Ausweitung des Subprime-Marktes zeigt sich besonders in der Entwicklung der Geldmenge die zu Beginn und am Ende des Booms an Kreditnehmer vergeben wurde. Während 2001 lediglich 7% aller Immobiliendarlehen an Schuldner aus dem Subprime-Segment vergeben wurden, was einem Volumen von 160 Mrd. US-Dollar entspricht, betrug dieser Anteil 2006 mit einem Volumen von 600 Mrd. US-Dollar 21% (vgl. FLEISCHHAUER ET AL. 2008, S.25).

Diese Entwicklung stellt eine entscheidende Kehrtwende in der Vergabepolitik US-amerikanischer Banken dar. Durch den 1977 verabschiedeten Reinvestment Act waren sie erstmals dazu verpflichtet worden, einen vorgegebenen Mindestanteil ihrer Hypothekenkredite an Haushalte mit geringem Einkommen und/oder aus Gegenden, in denen hauptsächlich Angehörige von Minderheitengruppen, wie Hispanics oder Afroamerikanern wohnten, zu vergeben. Obwohl die Banken hierdurch gezwungen waren, ihre Vergabestandards zu lockern, erhielt weiterhin nur eine sehr begrenzte Zahl von Geringverdienern Zugang zum Immobilienmarkt. Erst mit dem Einsetzen des Immobilienbooms zu Beginn des Jahrtausends erhielt eine größere Zahl US-amerikanischer Bürger aus genannten Schichten die Möglichkeit, eine Subprime-Hypothek aufzunehmen (vgl. Marcuse 2008, S.562; Kiff et al. 2007, S.3).

3.3 Gründe für die Ausweitung auf dem Hypothekenmarkt

Für die Tatsache, dass immer mehr Mitglieder des Subprime-Segmentes trotz geringem oder gar nicht vorhandenem Eigenkapital einen Immobilienkredit bekamen, liegen verschiedenen Gründe vor. In den 1990er Jahren setzte eine grundlegende Veränderung des Hypothekenmarktes ein. Zuvor folgten die Kreditgeber strikten Vergabestandards im Bezug auf die Kredithistorie des Schuldners, sowie DTI und LTV. Die vergebenen Immobilienkredite basierten auf einfachen Zahlungsmodellen und waren meist sog. ‚fixed rate mortgages' (FRM). Dies sind festverzinsliche Hypotheken, deren Tilgung zu gleich bleibenden Zinsen über einen Zeitraum von etwa 30 Jahren erfolgt (vgl. Bloss et al. 2008, S. 21; Bostic et. al. 2008, S.310; Kiff et al. 2007, S.3).

Seit Mitte der 1990er Jahre wurden die Vergabestandards für Hypothekenkredite gelockert, wodurch US-amerikanische Bürger die zuvor vom Hypothekenmarkt ausgeschlossen waren, erstmals Zutritt erhielten. Gleichzeitig wurden vor allem im Subprimesegment immer mehr neue innovative und komplexe Zahlungsmodelle entwickelt. So nahm hier insbesondere der Anteil von ‚adjustable rate mortgages' (ARMs), variabel verzinslichen Hypotheken zu. Bei dieser Art der Tilgung wird der Hypothekenkreditzins in regelmäßigen Abständen an einen Referenzzinssatz angeglichen, der sich wiederum in regelmäßigen Abständen an die Marktkonditionen angleicht. Sinkt der Referenzzinssatz, sinken auch die Hypothekenzinsen. Steigt der Referenzzins, so steigt auch der Hypothekenzins. Im Rückschluss sinkt und erhöht sich der Umfang der Tilgungszahlungen. Dies führt dazu, dass bei einem Anstieg Subprime-Kreditnehmer aufgrund ihrer geringen Bonität schnell in Zahlungsschwierigkeiten geraten (vgl. FLEISCHHAUER ET AL. 2008, S. 25; KIFF ET AL. 2007, S.3, S.8).

Allein zwischen 2001 und 2006 stieg der Anteil der ARMs an den Subprime-Krediten von 73% um 18 Prozentpunkte auf 91%. Der Großteil dieser ARMs war als hybrides Produkt angelegte. So waren 2007 allein mehr als zwei Drittel aller vergebenen ARMs sog. 2/28-Hypotheken. Diese werden in den ersten beiden Jahren fest verzinst und dann in eine variabel verzinsliche Hypothek umgewandelt. Die Einstiegszinsen der ersten beiden Jahre lagen oftmals unter dem üblichen Marktzins und schufen als sog. ‚teaser' besondere Anreize für potentielle Schuldner. Vielfach übersahen diese hierdurch die möglichen Ausmaße zukünftiger Zahlungen (vgl. BLOSS ET

AL. 2008, S. 21; BOSTIC ET. AL. 2008, S.3; FLEISCHHAUER ET AL. 2008, S. 25; KIFF ET AL. 2007, S.3, S.8).

3.4 Externe Gründe

Unabhängig von den Entwicklungen auf dem Hypothekenmarkt trugen weitere Gründe dazu bei, dass es überhaupt zu einer so großen Nachfrage nach Immobilienkrediten kam. Hieran trägt u.a. das US-amerikanische Wohnungssystem einen Anteil. Auf dem Wohnungsmarkt der USA befindet sich ein Großteil der Wohnungen in privatem Besitz. Für die Besitzer dient die Immobilie der Gewinnerzielung. Deshalb liegt das Mietniveau vielfach so hoch, dass sich „ein großer Teil der Bevölkerung keine angemessene Wohnung leisten kann, bzw. gezwungen ist einen übermäßig hohen Teil des Einkommens für Miete auszugeben" (MARCUSE 2008, S.566). Dies trifft vor allem Geringverdiener, die in der Überzeugung, dass es sich bei Wohneigentum um eine ausfallsichere Investition handelte, Subprime Hypotheken in Anspruch nahmen (vgl. MARCUSE 2008, S.561; COY 2008, o.S.).

Ein weiterer Grund für die immense Vergrößerung des Subprime-Marktes basiert auf dem noch immer tief in der US-amerikanischen Gesellschaft verwurzelten Glauben an den ‚American Dream'. So bedeutet für viele US-Amerikaner noch heute der Kauf eines „Einfamilienhaus[es] auf einem Vorstadt-Grundstück" (MARCUSE 2008, S.565) die Verwirklichung des eigenen ‚American Dream' (vgl. MARCUSE S.564, S. 565).

4. Die wachsenden Verflechtungen zwischen dem Immobilien- und dem Finanzmarkt

Von immanenter Bedeutung für die steigenden Investitionen auf dem Immobilienmarkt während des Immobilienbooms waren die wachsenden Verflechtungen von Immobilien- und Finanzmarkt. Für die es verschiedene Gründe gibt.

Für Kreditgeber erhöhte sich durch die in 3.3 beschriebene Einführung neuer Produkte auf dem Subprime-Markt, der Anreiz zu investieren. Zwar war das Verlustrisiko im Hinblick auf die schlechte Bonität der Schuldner gleichbleibend hoch, diesen Nachteil kompensierten jedoch die hohen Darlehenskosten und die hohe mögliche Rendite. Zudem hielten viele regionale Banken und Hypothekenbanken nicht an ihren ausstehenden Forderungen fest, sondern verkauften diese weiter. Hierdurch konnte sie das Risiko eines Verlustes abwerfen und sich auf Neugeschäfte konzentrieren (vgl. FLEISCHHAUER ET AL. 2008, S.25; SOMMER 2008, S.10/11).

Die Käufer waren zumeist Investmentbanken, die die Forderungen zu sog. ‚Mortage Backed Securities' (MBS) bündelten. MBS' sind hypothekenbesicherte Wertpapiere, in denen tausende ausstehender Hypothekenforderungen verschiedener Kreditgeber gebündelt werden. Dadurch, dass Forderungen mit hoher Rückzahlungswahrscheinlichkeit mit Forderungen geringerer Rückzahlungswahrscheinlichkeit vermischt werden, wird für die Investoren das Risiko eines Totalausfalls gestreut und somit reduziert. Der Wert von MBS' gemessen am Wert des BIP der USA wuchs von etwa 7% in 2004 auf etwa 18% in 2006 (vgl. Abb.6) (vgl. THE WALL STREET JOURNAL 2007, o.S., BLOSS ET AL. 2008, S.17).

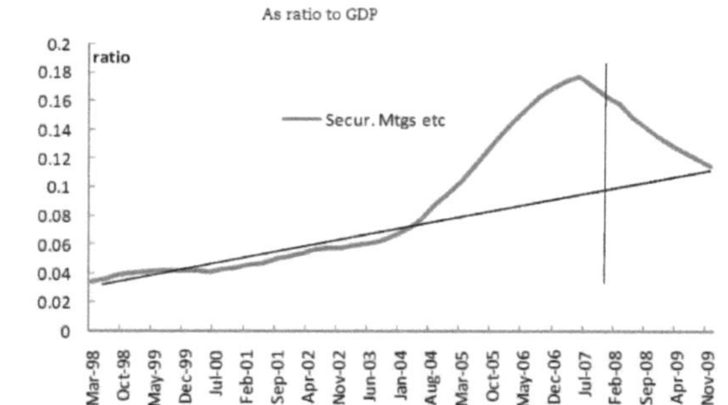

Abbildung 6: Anteil von Mortgage-backed securities gemessen am BIP (=GDP).
Quelle: BLUNDELL-WIGNALL 2008, S.10)

Oftmals wurden in einem weiteren Schritt MBS' wiederum gebündelt und mit Forderungen aus anderen Kreditsegmenten (Auto-, Konsumentenkredite etc.) vermischt. Die durch diesen Vorgang entstandenen Wertpapiere nennt man ‚Colleteralized Debt Obligations' (CDO). Um der unterschiedlichen Rückzahlungswahrscheinlichkeit der Kredite gerecht zu werden, wurden die Forderungen innerhalb des Pools nach ihrem Risikogehalt in verschiedene Tranchen eingeteilt (vgl. BLOSS ET AL., S. 17-19, S.25; SPIEGEL WISSEN 2008, o.S).

Investoren, die in die niedrigsten Tranchen investiert haben, werden als letzte bedient und sind die ersten die Verluste verzeichnen müssen. Im Gegenzug erhalten sie im Falle eines Gewinns die höchste Rendite. Die Investoren der obersten Tranche sind solange sicher bis keine Kredite mehr bedient werden, erhalten im Ausgleich aber eine geringere Rendite (vgl. THE WALL STREET JOURNAL 2007 2008, o.S.).

CDOs entwickelten sich innerhalb weniger Jahre von einem Nischengeschäft zu einem boomenden Markt. Der Wert emittierter CDOs betrug 1996 etwa 5 Mrd. US-Dollar und wuchs innerhalb von 10 Jahren um 7700% auf einen Wert von ca. 388 Mrd. US-Dollar (2006). Käufer der Wertpapiere waren zu ca. 50% Hedgefonds, zu 25% Banken und zu 25% Pensionskassen u.a. (vgl. BALZLI ET AL. 2008, S.70; FLEISCHHAUER ET AL. 2008, S.25).

Die wachsende Nachfrage nach immobilienbesicherten Wertpapieren auf dem Aktienmarkt führte dazu, dass Investmentbanken mehr Forderungen bei Kreditgebern nachfragten. Diese reagierten hierauf, indem sie Vergabestandards noch weiter lockerten und immer mehr Schuldnern mit schlechter Bonität Zutritt zum Hypothekenmarkt gewährten. An dieser Stelle bestanden zudem für die, auf Honorarbasis arbeitenden, Verkäufer von Immobilienkrediten nicht ausreichend Anreize für eine Beobachtung der langfristigen Kreditwürdigkeit der Schuldner. So verstärkte das wachsende Ausmaß der Spekulationsgeschäfte mit immobilienbesicherten Wertpapieren maßgeblich den Boom auf dem US-amerikanischen Immobilienmarkt (vgl. FEHR 2008, o.S.; SHILLER 2008, S.41-47).

Insgesamt ist festzuhalten, dass sich der Boom auf dem Immobilienmarkt zwischen 2000 und 2006, angetrieben von der allgemeinen Beobachtung steigender Preise, zu einem sich selbst verstärkenden Prozess entwickelte. Während des Booms bildete sich ein Kreislauf aus Preissteigerungen, sinkenden Vergabestandards und einer steigenden Zahl von Hausbesitzern, der sich mit stetig steigender Geschwindigkeit fortsetzte. Mit einer Unterbrechung des Kreislaufs oder einer Krise auf dem Immobilienmarkt rechnete kaum einer der Beteiligten (vgl. SHILLER 2008, S.41-47).

Dies belegten die US-amerikanischen Wirtschaftswissenschaftler Karl Case und Robert J. Shiller in einer Studie. 2005 führten sie unter Hauskäufern in San Francisco eine Befragung zur erwarteten jährlichen Hauspreissteigerung durch. Die Befragten rechneten für die nächsten zehn Jahre durchschnittlich mit einem Preisanstieg von 14% (vgl. SHILLER 2008, S.41-47).

5. Leitzinsanhebung der US-Notenbank

Nachdem die US-amerikanische Wirtschaft sich wieder in einem vermeintlich stabilen Zustand befand, begann die Fed 2004 mit der Wiederanhebung des Leitzinses. Der Zinssatz wurde zwischen Mitte 2004 und Mitte 2006 stetig von 1% auf 5,25% erhöht (vgl. Abb.3, S.7). Anders als beabsichtigt stiegen hierdurch jedoch nicht die langfristigen Zinsen. Der Grund lag vor allem in den umfangreichen Devisenankäufen asiatischer Länder, besonders Chinas und Japans. Nach einer Krise 1997/98 wollten diese ihre Währung künstlich niedrig bewerten. Dies erreichten sie u.a. indem sie in großem Umfang US-Dollar aufkauften. Japan kaufte zwischen 2003 und 2004 ca. 300 Milliarden US-Dollar und China allein 2007, 400 Milliarden US-Dollar. Die Devisenankäufe bewirkten, dass die Waren- und Kapitalströme auf dem US-amerikanischen Markt nicht in ein Gleichgewicht zurückkehrten und der Dollar künstlich überbewertet wurde (vgl. FEHR 2008, o.S.).

6. Die Immobilienkrise

Zwei Hauptgründe führten letztendlich dazu, dass die Immobilienblase, die seit Beginn des Immobilienbooms 2000 immer weiter angewachsen war, Ende 2006 platzte. Zum Einem hatten aufgrund der hohen Hauspreise und der daraus resultierenden Erwartung hoher Gewinne Investoren im ganzen Land Häuser gebaut. Das Angebot auf dem Häusermarkt stieg wesentlich schneller als die Nachfrage. Ende 2005 hatte das Angebot die Nachfrage überholt. Viele Häuser und Wohnungen standen plötzlich leer. Dies führte ab der Mitte des Jahres 2006 dazu, dass die Preise auf dem gesamten amerikanischen Immobilienmarkt fielen (vgl. Abb.4, S.8) (vgl. STANDARS&POOR'S 2008; FLEISCHHAUER et al. 2008, S.27).

Zum Anderen führten die steigenden Hypothekenzinsen dazu, dass die Monatsraten der Schuldner anstiegen. Viele Hauskäufer hatten damit gerechnet, dass die erhöhten Zinszahlungen nach dem Ende der teaser-Periode durch die Wertsteigerung des Eigenheims kompensiert würden. Diese Erwartungen wurden jedoch zunichte gemacht, als die Preise auf dem Immobilienmarkt zu fallen begannen. Während der Periode steigender Preise war eine Refinanzierung auf Basis der gestiegenen Kreditwürdigkeit jederzeit möglich. Mit dem Preisverfall wurde dies zunehmend schwieriger. Im Besonderen hiervon getroffen wurden Schuldner aus dem Subprime-Segment. Aufgrund der geringen Eigenkapitaldecke konnten diese den erhöhten Forderungen nicht nachkommen. So kam es ab 2006 bei immer mehr Schuldnern zu Zahlungsschwierigkeiten, Säumnissen bis hin zu Zwangsvollstreckungen (vgl. Abb.7). Besonders bemerkenswert war dabei die Geschwindigkeit, mit der diese anstiegen. Im Mai 2007 waren bereits 14,4% aller Subprime-Schuldner mit ihrer Zahlung 30 Tage oder länger im Rückstand. In Abbildung 8 wird deutlich, dass sich ARMs und besonders hybride Produkte wie 2/28-Hypotheken wesentlich eher und in größerem Ausmaß als FRMs krisenanfällig zeigten (vgl. DEMYANYK 2008, S. 11; KIFF et al. 2007, S.8, 9; MARCUSE 2008, S.564).

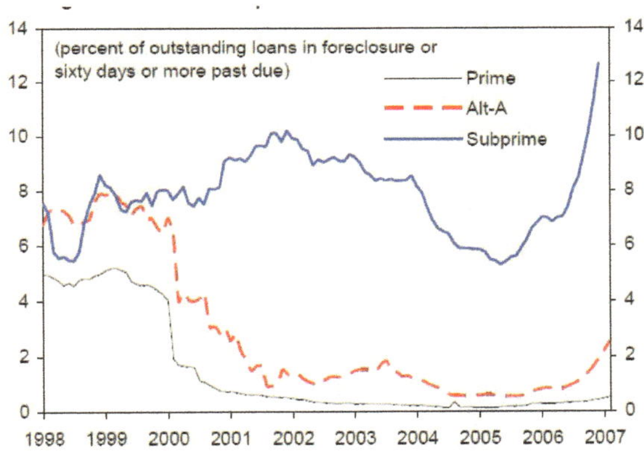

Abbildung 7: Säumnisse und Zwangsvollstreckungen bei variabel verzinslichen Hypotheken (ARMs) aus den Hypothekensegmenten Prime, Alt-A und Subprime.
Quelle: KIFF et al. 2008, S.9

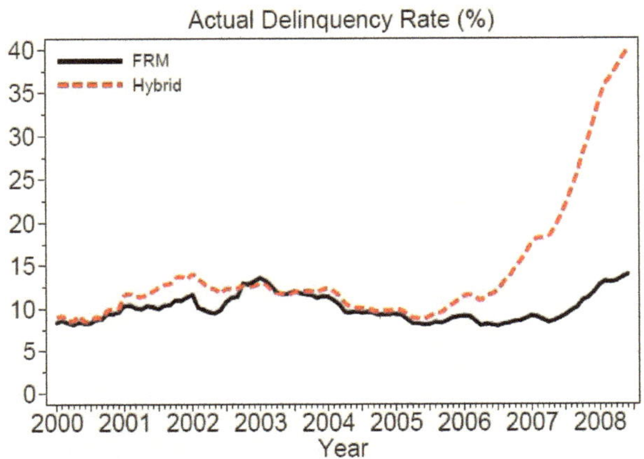

Abbildung 8 Säumnisrate bei hybriden und festverzinslichen Hypotheken (FRM).
Quelle: DEMYANYK et al. 2008, S.12

Die Abwärtsspirale setzte sich auf dem Aktienmarkt fort. Da Risiken von Wertpapieren wie MBS' und CDOs aufgrund ihrer Komplexität schwer zu beurteilen sind zweifelten immer mehr Anleger an deren Sicherheit und verkauften. Die wachsende Panik auf dem Finanzmarkt und der Wertverlust der Wertpapiere wurden zudem durch einen weiteren Faktor verstärkt. Es stellte sich heraus, dass viele der Wertpapiere durch Ratingagenturen überbewertet worden waren und diese ihre Bewertungen herunterstufen mussten (vgl. SPIEGEL WISSEN 2008, o.S.; FLEISCHHAUER ET AL. 2008, S.27; KIFF ET AL. 2007, S.12).

Durch die Preisabstürze auf dem Aktienmarkt hatten vor allem Anleger die in die untersten, unsicheren Tranchen investiert hatten große Verluste zu verzeichnen (vgl. FLEISCHHAUER ET AL. 2008, S.27; KIFF ET AL. 2007, S.12; SPIEGEL WISSEN 2008, o.S.;).

Die Auswirkungen des Immobilienbooms und der Immobilienkrise auf Suburbia

7. Die Auswirkungen des Immobilienbooms auf Suburbia

Durch den Boom auf dem US-amerikanischen Immobilienmarkt stiegen die Hauseigentümerraten überall in den USA. In allen Regionen des Landes profitierten US-amerikanische Bürger aus allen Altersklassen, allen ethnischen Gruppen und allen Einkommensschichten (vgl. SHILLER 2008, S.5).

Viele Amerikaner, für die dies einige Jahre zuvor undenkbar gewesen wäre, konnten sich den Traum von Einfamilienhaus in Suburbia verwirklichen. So profitierten von der Entwicklung auf dem Häusermarkt überdurchschnittlich US-Bürger unter 35 Jahren, Bürger mit einem unterdurchschnittlichen Einkommen sowie Mitglieder ethnischer Minderheiten, wie Hispanics und Afroamerikaner. Unter Afroamerikanern stieg die Zahl der Hauseigentümer zwischen 1995 und 2006 von 64,7% auf 68,8%. Noch stärker stieg im gleichen Zeitraum die Rate bei den Hispanics von 42,1% auf 49,7% (vgl. KIFF ET AL. 2007, S.4; SHILLER 2008, S.5).

7.1 Entwicklung der Suburbs – geographische Disparitäten

Ein Großteil der neuen Hauseigentümer siedelte sich neu in Suburbia an. Hierdurch nahmen viele Suburbs rasch an Größe zu und die Bevölkerungszahlen wuchsen. 2007 veröffentlichte das Forbes Magazine hierzu eine Studie. Untersucht wurde, welche Suburbs der USA zwischen 2000 und 2006 mit der größten Geschwindigkeit anwuchsen. Die am schnellsten wachsenden Suburbs lagen vor allem im Südwesten des Landes, in den Staaten Kalifornien und Arizona, weiter östlich in Colorado sowie in den Südstaaten Texas und Georgia, in North Carolina im Osten und in Florida im Südosten des Landes. Unter den verhältnismäßig kleinen Suburbs war der Bevölkerungszuwachs am größten in Lincoln, einem Vorort von Sacramento (Kalifornien). Hier wuchs die Zahl der Bevölkerung im genannten 6-Jahres Zeitraum um 236%. Die am schnellsten wachsende große Vorstadt war Gilbert, ein Suburb von Phoenix (Arizona). Hier stieg die Zahl der Bevölkerung von 112.000 auf 192.000 an (vgl. FORBES MAGAZINE 2007, o.S.).

8. Die Auswirkungen der Immobilienkrise auf Suburbia

Gerade in den Suburbs stieg im Zuge der Immobilienkrise die Zahl der Zwangsversteigerungen drastisch an. Im gleichen Zuge sanken die Zahl der Hauseigentümer und die Werte der Immobilien. Dabei verlief die Entwicklung der Hauspreise in verschiedenen Preissegmenten zwar parallel, jedoch nicht mit gleicher Ausprägung. Thema dieses Abschnittes sind zum Einen die Disparitäten bezüglich der Auswirkungen der Immobilienkrise auf verschiedene gesellschaftliche Gruppen. Und zum Anderen wird gezeigt, in welchen Landesteilen es geographische Konzentrationen von Zwangsversteigerungen gibt, welche Gründe es dafür gibt und wie sich diese Konzentrationen auf Nachbarschaften und Wohngebiete auswirken.

8.1 Hauspreisentwicklung in verschiedenen Preissegmenten

In viele Städten der USA lässt sich beobachten, dass es im Hinblick auf das Ausmaß von Anstieg und Fall der Immobilienpreise Unterschiede zwischen den verschiedenen Preiskategorien gibt. In Abbildung 9 sind diese Unterschiede beispielhaft für die Stadt San Francisco nachvollziehbar. Während des Booms ließen sich hier die stärksten prozentualen Preisanstiege im niedrigsten Kreditsegment verzeichnen. Demgegenüber fielen die Preisanstiege im obersten Kreditsegment am geringsten aus. Nach dem Platzen der Blase und dem Preishöhepunkt 2006 waren die Wertverluste im untersten Preissegment am höchsten und im obersten Preissegment am geringsten (vgl. SHILLER 2008, S.35/36).

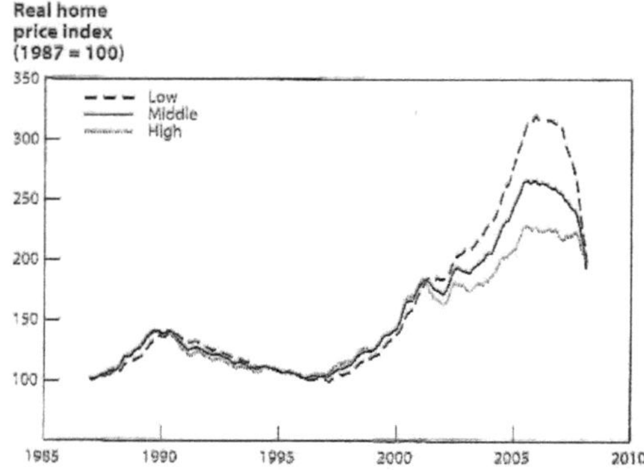

Abbildung 9: Entwicklung der Häuserpreise im niedrigen, mittleren und oberen Preissegment in San Francisco zwischen Januar 1987 und März 2008. Quelle: Shiller 2008, S.36

Die Gründe für diese Diskrepanzen sind nicht eindeutig auszumachen, in jedem Fall spielte allerdings die Entwicklung des Subprime Marktes eine wichtige Rolle. Kreditnehmer aus diesem Hypothekensegment finanzierten mit dem Kredit in der Regel Häuser aus niedrigen Preissegmenten. Die überdurchschnittliche Ausfallrate unter Subprimeschuldnern lässt deshalb den Schluss zu, dass die Ausweitung von Subprimekrediten mitverantwortlich für den rasanten Preisanstieg und Preisabfall bei Immobilien aus niedrigen Preissegmenten ist (vgl. SHILLER 2008, S.36/37).

8.2. Die Auswirkungen der Krise auf US-amerikanische Hausbesitzer

Nach dem Ausbruch der Immobilienkrise geriet eine zunehmende Anzahl von Eigenheimbesitzern in Zahlungsschwierigkeiten und die Zahl der Zwangsversteigerungen stieg stark an.

Allein 2006, im ersten Jahr der Krise, stieg die Zahl der Zwangsversteigerungen in den USA gegenüber 2005 um 42% auf mehr als 1,2 Millionen. Im Jahr 2007 stieg die Zahl von Zwangsversteigerungsfällen um weitere 75% auf 2,2 Millionen. Im November 2008 war für den 35. Monat in Folge eine Zunahme gegenüber der Periode des Vorjahres zu verzeichnen (vgl. REALTYTRAC STAFF 2007, o.S.; REALTYTRAC STAFF 2008a u. b, o.S.; MALSCH ET AL. 2008, o.S.).

Einige Staaten haben mittlerweile Gesetze zur Verzögerung von Zwangvollstreckungsprozessen verabschiedet, die Kreditgeber dazu verpflichten, den Schuldnern längere Zahlungsaufschübe zu gewähren. Dies führte dazu, dass die Zahl der Zwangvollstreckungen im September, Oktober und November des Jahres 2008 in einigen Staaten zurückging. Beobachten ließ sich dies u.a in Kalifornien, Nevada, Florida und Arizona. Allerdings deuten verschiedene Indikatoren darauf hin, dass dieser Rückgang nicht dauerhaft haltbar ist. So stieg im 3. Quartal die Zahl der säumiger Schuldner, welche sich noch nicht im Prozess der Zwangsversteigerung befinden, auf ein Rekordhoch von 7%. Zudem befindet sich bereits die Hälfte aller Kreditnehmer, deren monatliche Tilgungsrate durch die Modifizierung der Hypothek reduziert wurde, erneut im Zahlungsrückstand (vgl. REALTYTRAC STAFF 2008b u. c, o.S.).

Insgesamt ist diese Entwicklung Ende 2008 soweit fortgeschritten, dass mehr als 15% aller amerikanischen Hausbesitzer Gefahr laufen, ihren Kredit nicht mehr zurückzahlen zu können. Zudem sind die Hauspreise soweit gefallen, dass bei jedem sechsten Haushalt die Last der Hypothekenschuld den Wert der Immobilie übersteigt. Diesen Zustand bezeichnet man als ‚negative Equity'. Schätzungen zufolge waren hiervon bis Ende 2008 53% aller Subprime-Schuldner betroffen. Anders als in den meisten europäischen Ländern, werden in den USA Immobilienkredite nicht personen-, sondern objektbezogen vergeben. Hierdurch erhält der Kreditnehmer die Option, den Kredit gegen das Haus einzutauschen. Liegt negative Equity vor, erleidet er also geringere Verluste, wenn er das Haus an die Bank übergibt, als wenn er dieses behält (vgl. REALTYTRAC STAFF 2007, o.S.; REALTYTRAC STAFF 2008a u. b, o.S.; MALSCH ET AL. 2008, o.S.)

Obwohl mit dem Einsetzen der Krise die Preise auf dem Immobilienmarkt sanken, nahm die Nachfrage potentieller Käufer immer weiter ab. Diese waren aufgrund wachsender Skepsis und Unsicherheit nicht bereit auf dem labilen Immobilienmarkt zu investieren. So setzte sich der Abwärtstrend bei den Immobilienpreisen fort und die Zahl der Hauseigentümer, die während des Booms stetig gestiegen war, schrumpfte. Zwischen dem 3. Quartal des Jahres 2006 und dem 3. Quartal 2008 sank die Hauseigentümerrate von 69% auf 67,9% (vgl. GRACE ET AL. 2008, o.S.; MALSCH ET AL. 2008, o.S.).

Zudem wurden nach Ausbruch der Immobilienkrise die während der Booms gelockerten Vergabestandards wieder verschärft, so dass der Zugang zum Immobilienmarkt speziell für Kreditnehmer aus geringeren Einkommensschichten stark beschränkt wurde. Im 3. Quartal des Jahres 2008 wurden in den USA 44% weniger Kredite (mit eingeschlossen sind auch Kredite aus anderen Segmenten) vergeben als im 3. Quartal des Vorjahres. Dies ist so wenig, wie in keiner Periode der vorangegangenen acht Jahre (vgl. MALSCH ET AL. 2008, o.S.).

8.3 Geographische Konzentrationen von Zwangsversteigerungen

Betrachtet man das Vorkommen von Säumnissen und Zwangversteigerungen aus einem geographischen Blickwinkel, werden besondere Konzentrationen deutlich. Fälle von Zwangsversteigerungen häufen sich überdurchschnittlich stark im Südwesten der USA und in Florida und Colorado. Darüberhinaus auch im mittleren Westen und im Süden der USA (vgl. REALTYTRAC STAFF 2007, o.S.; REALTYTRAC STAFF 2008a u. b u. c, o.S.).

Im Jahr 2006 war die größte Zahl der Zwangsversteigerung in Colorado zu verzeichnen, wo 3 von 100 Haushalten von Zwangsversteigerung betroffen waren. Danach folgten Georgia, Nevada, Texas, Indiana, Florida, Ohio, Utah und Tennesse. Während zu diesem Zeitpunkt in den Südstaaten besonders hohe Zwangsversteigerungsraten zu verzeichnen waren, wurden diese 2007 dauerhaft von Staaten im Südwesten, im mittleren Westen sowie von Colorado und Florida überholt (vgl. REALTYTRAC STAFF 2007, o.S.).

Für das Jahr 2007 ließen sich so die höchsten Zwangsversteigerungsraten in Nevada, Florida, Michigan, Kalifornien, Colorado, Ohio, Georgia, Arizona, Illinois und Indiana verzeichnen (vgl. Abb.10).

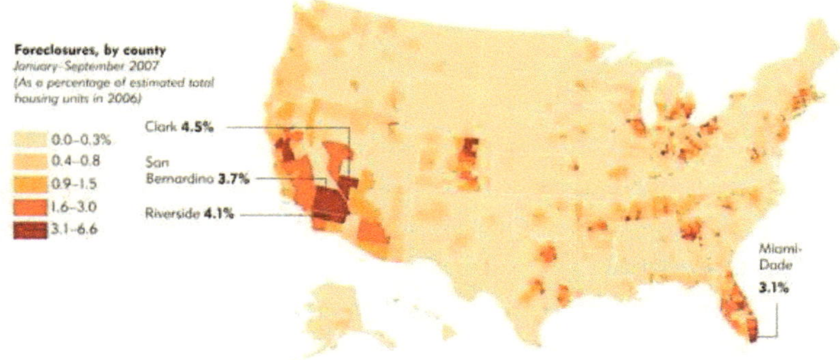

Abbildung 10: Zahl der Zwangsversteigerungen pro County in den USA zwischen Januar und September 2007. Werte als prozentualer Anteil der Zwangsversteigerung an absoluter Zahl der Wohneinheiten. Quelle: YGLESIAS 2008

Insgesamt stiegt die Zahl der Zwangsversteigerungen zwischen 2006 und 2007 um mehr als 200%. Im November 2008 lag, für die gesamte USA die Zahl der Zwangsvollstreckungen 28% über der Zahl in der gleichen Periode des Vorjahres (vgl. REALTYTRAC STAFF 2008a u. b, o.S.).

Der Staat mit der höchsten Zwangsversteigerungsrate war im 23. Monat in Folge Nevada. Im November 2008 befand sich dort jeder 76. Haushalt in der Phase der Zwangversteigerung, was einem Anstieg von 109% gegenüber der gleichen Periode des Vorjahres entspricht. Mit einem Anstieg von 68% im gleichen Zeitraum lag Florida im November 2008 auf Platz zwei, gefolgt von Arizona mit einem Anstieg von 128%. Auf Platz vier bis zehn befanden sich Kalifornien, Michigan, Georgia, Ohio, Colorado, Utah und Idaho (vgl. EBD.).

Im Hinblick auf die Entwicklung der Zwangsversteigerungsraten in den größten Städten und Metropolregionen der USA zeigt sich ein ähnliches Bild. Im November 2008 waren unter den Top 20 der amerikanischen Städte mit den größten Zwangsversteigerungsraten sechs Städte in Florida und zehn Städte in Kalifornien. Auf Platz Eins der Erhebung, in die 230 Metropolregionen in den USA einfließen, lag Stockton (Kalifornien). Auf Platz Zwei lag Las Vegas (Nevada), gefolgt von Riverside/ San Bernadino (Kalifornien), Bakersfield (Kalifornien) und Fort Lauderdale (Florida) (vgl. REALTYTRAC STAFF 2008b u. c, o.S.)

Die Gründe für diese geographische Konzentration von Zwangsversteigerungen werden deutlich, wenn man diese mit dem Ausmaß sinkender Immobilienpreise in verschiedenen Landesteilen vergleicht. Stellvertretend für sinkende Immobilienpreise, ist für Abbildung 11 der Anteil der Häuser, deren Hypothekenwert über dem Immobilienwert liegt, an der Gesamtzahl der Häuser berechnet worden. Miteinbezogen wurden alle Fälle von negative Equity zwischen April und Juni 2008, bei Häusern die innerhalb der vorangegangenen 5 Jahre erworben wurden. Vergleicht man die Karte mit Abbildung 10 (S.20), wird deutlich, dass Zwangsversteigerungen sich besonders dort konzentrieren, wo die Immobilienpreise am stärksten absinken und immer mehr Hausbesitzer mit negative Equity konfrontiert sind. Für diese ist es hierdurch rentabler ihr Eigenheim der Bank zu überlassen, als den Immobilienkredit weiter abzubezahlen.

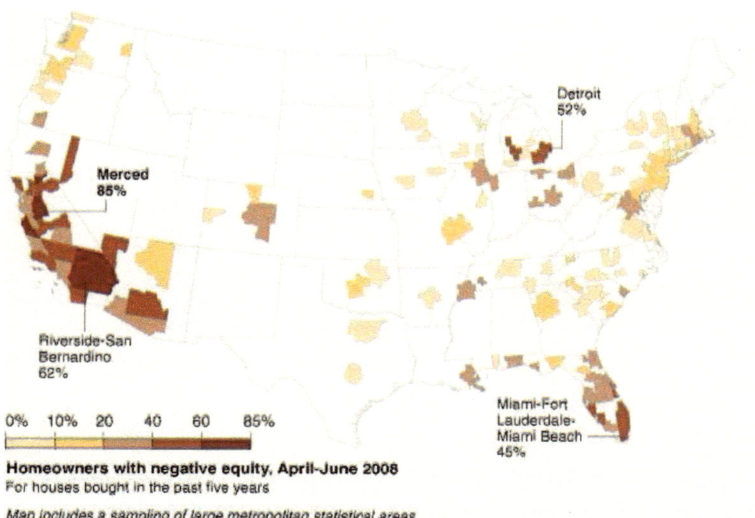

Abbildung 11: Prozentualer Anteil von Hauseigentümern mit negative Equity, an der Gesamtzahl der Hauseigentümer. Quelle: FAIRFIELD 2008

8.4 Auswirkungen der Immobilienkrise auf Nachbarschaften und Wohngebiete

Insgesamt zu beobachten ist, dass die Zahl von Zwangsversteigerungen in Nachbarschaften mit durchschnittlich geringem Einkommen stärker verbreitet ist. Des Weiteren wurde beobachtet, dass diese Zahl mit der Armutsrate und dem Anteil der Zahlungen am Haushalteinkommen korreliert. Eine positive Korrelation gibt es zudem zwischen der Zwangsversteigerungsrate und dem Anteil der afroamerikanischen Bevölkerung an der Gesamtbevölkerung eines Wohngebietes. Belegbar sind diese Beobachtungen sowohl durch Erhebungen auf der Ebene der Bundesstaaten als auch der Postleitzahlengebiete. Die Erhebungen zeigten allerdings auch, dass das Ausmaß der Tragweite dieser Faktoren von Staat zu Staat variiert (vgl. BOSTIC ET AL. 2008, S.313).

In Wohngebieten, in denen es zu einer Häufung von Zwangsversteigerungen kommt, können diese sich negativ auf die Nachbarschaft auswirken. So liegt der Verkaufspreis der bei Zwangsversteigerungen erzielt wird oftmals unter den bisherigen Marktpreisen. Hierdurch geraten die Marktpreise unter Druck, was dazu führen kann dass diese Stagnieren oder Fallen. Zudem lässt sich vermuten, dass Hauseigentümer, die sich bereits mit der Zahlung der Tilgungsraten im Verzug befinden ihr Haus eher verwahrlosen lassen, da es ihnen am nötigen Kapital für Erhaltungsmaßnahmen mangelt. Dies wirkt sich negativ auf die Wohnqualität in einem Wohngebiet und damit auf den Wert der Eigenheimimmobilien aus (vgl. BOSTIC ET AL. 2008, S.314; MEJIAS 2008, o.S.).

9. Fazit

Der Boom auf dem US-amerikanischen Immobilienmarkt entstand im Zusammenspiel mehrer Faktoren. Zum Einen bewirkte die Federal Reserve durch eine starke Senkung des Leitzinses ab Ende 2000, dass die Zinsen und somit auch die Kosten für Immobilienkredite fielen. Zudem wurde vor allem auf dem Markt für Subprimehypotheken eine Vielzahl neuer komplexer Kreditmodelle eingeführt. Besonders stieg hier die Zahl hybrider und variabel verzinslicher Kredite.

Durch den Prozess der Verbriefung wurden die Risiken, die bei der Vergabe von Hypotheken an Schuldner mit geringer Bonität entstehen, von klassischen Kreditgebern auf den Kapitalmarkt übertragen. Dort wurden aufgrund der hohen möglichen Rendite vermehrt immobilienbesicherte Wertpapiere nachgefragt. Indem Kreditgeber zu laxeren Standards Kredite vergaben, befriedigten sie diese Nachfrage. Immobilienkredite waren also, zumindest zum Zeitpunkt der Aufnahme, billig und wurden ohne umfangreiche Prüfung der Schuldner bewilligt.

Das unzureichende Wohnungsangebot auf dem US-amerikanischen Immobilienmarkt und die noch immer in vielen Amerikanern verwurzelte Ideologie des American Dreams trugen dazu bei, dass viele US-amerikanische Bürger die sich ihnen bietende Chance ergriffen und den Traum vom Eigenheim in Suburbia verwirklichten. Hiermit wuchs die Zahl der Hauseigentümer und die Preise von Eigenheimimmobilien stiegen aufgrund der wachsenden Nachfrage stark an.

Wichtig ist, dass diese Anstiege sich nicht gleichmäßig auf alle Preissegmente und Bevölkerungsgruppen verteilten. Vor allem Schuldner aus dem Subprimesegment, Geringverdiener und Mitglieder ethnischer Minderheiten, profitierten überdurchschnittlich. Diese Gruppe von Schuldnern fragte vornehmlich Eigenheimimmobilien aus dem niedrigsten Preissegment nach, so dass hier die stärksten Wertzuwächse zu verzeichnen waren.

Die Zahl der Hauseigentümer und die Bevölkerungszahlen der Suburbs stiegen nicht in allen Landesteilen gleich stark an. Überdurchschnittlich wuchs die Hauseigentümerrate im Südwesten des Landes in Arizona und Kalifornien und in den Südstaaten

Texas und Georgia. Darüberhinaus wuchsen besonders die Suburbs von Colorado und Florida.

Obwohl die Federal Reserve 2004 mit der Wiederanhebung des Leitzinses begann, führte dies zunächst nicht zu einem Abfall der langfristigen Zinsen auf dem Hypothekenmarkt. Stattdessen setzte sich der Boom fort und die Immobilienblase schwoll, gekennzeichnet von immer noch steigenden Preisen und Hauseigentümerraten weiter an. 2005 schließlich hat das Angebot auf dem Immobilienmarkt die Nachfrage überholt und ab 2006 sanken die Preise für Eigenheimimmobilien.

An dieser Stelle trafen mehrere Faktoren zusammen, die eine Abwärtsspirale in Gang setzten und letztendlich die Immobilienblase platzen ließen. Bei Schuldnern mit variabel verzinslichen Krediten stiegen die monatlichen Tilgungszahlungen stark an. Hierdurch konnten die ersten Schuldner, vornehmlich aus dem Subprimesegment ihren Forderungen nicht nachkommen. Dies erzeugte vermehrt Skepsis bei Anlegern auf dem Aktienmarkt, die in immobilienbesicherte Wertpapiere investiert hatten. Die Nachfrage nach immobilienbesicherten Wertpapieren sank und somit auch die Nachfrage nach Hypothekenforderungen. Deshalb, und aufgrund der negativen Entwicklung auf dem Immobilienmarkt, verschärften Kreditgeber ihre Vergabestandards. Aufgrund der verschärften Standards und weil ihr Eigenheim an Wert verloren hatte, war es Schuldnern, die in Zahlungsschwierigkeiten gerieten, nicht mehr möglich, ihre Hypothek über einen neuen Kredit zu refinanzieren. Ende 2006 schließlich platzte die Immobilienblase und die Zahl der Säumnisse und Zwangsversteigerungen stieg rapide an.

In verschiedenen Landesteilen ließen und lassen sich diese in überdurchschnittlichem Ausmaß verzeichnen. Vornehmlich sind dies die Landeteile, in denen der größte Absturz im Hinblick auf die Immobilienpreise zu verzeichnen ist und in denen bei überdurchschnittlich vielen Hauseigentümern, die Hypothekenlast den Wert der Immobilie übersteigt. Hierzu zählen im Besonderen die Staaten Arizona, Kalifornien und Nevada im Südwesten der USA, in denen sich Immobilienboom und -krise mehr als in allen anderen Landesteilen auf die Entwicklung der Suburbs auswirkte. Darüber hinaus waren im Mittleren Westen besonders die Staaten Michigan und Ohio, aber auch Illinois und Indiana betroffen, im Süden vor allem die Staaten Georgia und Texas. Eine besondere Häufung von Zwangsversteigerungen ist außerdem in Colorado und in Florida zu verzeichnen.

Kommen Säumnisse und Zwangversteigerungen in gehäufter Zahl vor, wirkt sich dies auf Nachbarschaften und Wohnsiedlungen aus. Säumige Hypothekenzahler investieren in der Regel nicht in Erhaltungsmaßnahmen für ihr Eigenheim. Hierdurch sinkt nicht nur die Wohnqualität in diesem Haus, sondern in der gesamten Nachbarschaft. Dies sowie die verhältnismäßig niedrigen Preise, wie sie oftmals bei Zwangsversteigerung erzielt werden, drücken die Immobilienwerte der benachbarten Häuser.

Die noch immer fallenden Zahl von Hauseigentümern und die sinkenden Immobilienwerte in vielen Landesteilen zeigen, dass ein Ende der Krise auf dem US-amerikanischen Immobilienmarkt bis heute nicht in Sicht ist. Dies könnte, in Kombination mit den steigenden Benzinpreisen, langfristig dazu führen, dass immer mehr US-Bürger ihr Eigenheim in den Suburbs, erzwungen oder freiwillig, verlassen und zurück in die Stadt ziehen.

10. Literatur

BALZLI, B. U. K. BRINKBÄUMER; BRENNER, J. U. U. FICHTNER; GOOS, H. U. R. HOPPE; HORNIG, F. U. A. KNEIP (2008): Der größte Diebstahl aller Zeiten - wie Finanzjongleure die Welt in eine Krise stürzten, die noch lange nicht beendet ist. In: Der Spiegel Nr.47, S.46-80

BLUNDELL-WIGNALL (2008): The Subprime Crisis: Size, Deleveraging and Some Policy Options. Online unter: http://www.oecd.org/dataoecd/36/27/40451721.pdf (abgerufen am 20.11.2008)

BOSTIC, R. U. K. O. LEE (2008): Assets and credit among low-income Household – Mortgages, Risk and Homeownership among Low- and Moderate-Income Families. In: American Economic Review, Vol.98, No.2, S.310-314

CALFINDER (2008): Suburbs-Siedlung in den USA. Online unter: http://www.calfinder.com/blog/green-remodeling/on-living-sustainably-in-the-suburbs/ (abgerufen am 20.12.2008)

COLLINS, M. U. E. BELSKY; CASE, K. E. (2004): Exploring the Welfare Effects of Risk-based Pricing in the Subprime Mortgage Market. Harvard (=Working Paper Series) Online unter: http://www.jchs.harvard.edu/publications/finance/babc/babc_04-8.pdf (abgerufen am 1.12.2008

COY, P. (2008): Housing Meltdown – Why home prices could drop 25% more on average before the market finally hits bottom. In: Business Week vom 31.01.2008. Online unter: http://www.businessweek.com/print/magazine/content/08_06/b47004076716.htm (abgerufen am 26.10.2008)

FAIRFIELD (2008): Homeowners with negative equity, April.June 2008. Online unter: http://www.nytimes.com/2008/08/24/business/24house.html?_r=3&ref=business&oref=slogin (abgerufen am 9.1.2008)

FEHR, B. (2008): Analyse – Der Weg in die Krise. In: Frankfurter Allgemeine Zeitung vom 17.03.2008. Online unter: http://www.faz.net/s/Rub0E9EEF84AC1E4A389A8DC6C23161FE44/Doc~EEF6FC52887ED40AE806C30DC3B129E8D~ATpl~Ecommon~Scontent.html (abgerufen am 1.12.2008)

Forbes Magazine (2007): America's Fastest growing suburbs. Online unter: http://www.forbes.com/forbeslife/2007/07/16/suburbs-growth-housing-forbeslife-cx_mw_0716realestate.html (abgerufen am 20.12.2008)

GRACE, K. E. U. S. N. LYNCH (2008): Home Prices Continue to Drop - D.R. Horton Reports Wider Loss. Online unter: http://online.wsj.com/article/SB122762710209956573.html (abgerufen am 5.12.2008)

HAHN (2002): USA - Neue Raumentwicklungen oder eine Neue Regionale Geographie. Gotha (=Perthes Länderprofile)

KIFF, J. U. P. MILLS (2007): Money for Nothing and Checks for Free: Recent Developments in U.S. Subprime Mortgage Market (=IMF Working Paper). Online unter:
http://www.imf.org/external/pubs/ft/wp/2007/wp07188.pdf
(abgerufen am 26.10.2008)

KNOX, L. P. U. S. A. MARSTON (2001): Humangeographie. Heidelberg, Berlin

KRÜGER, A. (2008): Fragen und Antworten zur Immobilienkrise. Online unter:
http://www.tagesschau.de/wirtschaft/immobilienkrise16.html
(abgerufen am 26.10.2008)

Leitzinsen.info (2008): Leitzinsentwicklung der USA. Online unter:
http://leitzinsen.info/usa.htm (abgerufen am 20.12.2008)

MALSCH, M. U. R. SCHELDGES (2008): Häuserpreise in den USA fallen weiter - Immobilienmarkt bleibt ein Risiko. In: Handelsblatt vom 10.10.2008. Online unter:
http://www.handelsblatt.com/politik/international/immobilienmarkt-bleibt-ein-risiko;2059647

MARCUSE, P. (2008): Ein anderer Blick auf die Subprime-Krise. In: PROKLA. Zeitschrift für kritische Sozialwissenschaft, H. 153, Jg. 38, Nr.4, S.561-567

MEJIAS, J. (2008): Suche Zimmer, biete Arbeit. In: FAZ vom 24.Juli 2008. Online unter:
http://www.faz.net/s/Rub117C535CDF414415BB243B181B8B60AE/Doc~ECD897
5076DC84E3EB45E1BFDD3A81E5E~ATpl~Ecommon~Scontent.html?rss_aktuell
(abgerufen am 26.10.2008)

REALTYTRAC STAFF (2007): More Than 1.2 Million Foreclosure Filings Reported in 2006. Online unter:
http://www.realtytrac.com/ContentManagement/pressrelease.aspx?ChannelID=9&Ite
mID=1855&accnt=64847 (abgerufen am 20.12.2008)

REALTYTRAC STAFF (2008a): U.S. Foreclosure Activity Increases 75 Percent in 2007. Online unter:
http://www.realtytrac.com/ContentManagement/pressrelease.aspx?ChannelID=9&Ite
mID=3988&accnt=64847 (abgerufen am 20.12.2008)

REALTYTRAC STAFF (2008b): Foreclosure activity increase 5 Percent in October. Online unter:
http://www.realtytrac.com/ContentManagement/pressrelease.aspx?ChannelID=9&Ite
mID=5420&accnt=64847 (abgerufen am 20.12.2008)

REALTYTRAC STAFF (2008c): Foreclosure Activity Decreases 7 Percent in November. Online unter:
http://www.realtytrac.com/ContentManagement/pressrelease.aspx?ChannelID=9&Ite
mID=5543&accnt=64847 (abgerufen am 2.1.2009)

SPACE AND CULTURE (2008): Suburbs-Siedlung in den USA. Online unter: http://www.spaceandculture.org/2008/06/27/urban-flight/ (abgerufen am 20.12.2008)

SPIEGEL WISSEN (Hrsg.) (2008): Subprime-Krise. Online unter: http://wissen.spiegel.de/wissen/dokument/dokument-druck.html?id=55551364&top=Lexiko (abgerufen am 17.10.2008)

STANDARD&POOR'S (2008): Case-Shiller Home Price Indices. Online unter: http://www2.standardandpoors.com/portal/site/sp/en/us/page.topic/indices_csmahp/2,3,4,0,0,0,0,0,0,0,0,0,0,0,0,0.html (abgerufen am 20.12.2008)

TAGESSCHAU (2008): Was passiert bei einer Leitzinssenkung? Online unter: http://www.tagesschau.de/wirtschaft/leitzins16.html (abgerufen am 26.10.2008)

THE WALL STREET JOURNAL (2008): The Making of the Mortgage CDO. Online unter: http://online.wsj.com/public/resources/documents/info-flash07.html?project=normaSubprime0712&h=530&w=980&hasAd=1&settings=normaSubprime0712 (abgerufen am 2.11.2008)

WEISE, E. (2008): As suburbs grow, so do environmental fears In: USAToday vom 27.12.2005. Online unter: http://www.usatoday.com/tech/science/2005-12-27-suburbs-environment_x.htm (abgerufen am 1.12.2008)

YGLESIAS (2008): There Goes the Neigborhood. Online unter: http://www.theatlantic.com/doc/200801/home-foreclosure (abgerufen am 20.12.2008)